健康 · 家庭 · 新生活

一个人周末干什么

高能量生活手册

张均怡　著 / 绘

人 民 邮 电 出 版 社

北 京

图书在版编目（CIP）数据

一个人周末干什么 ： 高能量生活手册 / 张均怡著、

绘. -- 北京 ： 人民邮电出版社，2025. -- ISBN 978-7

-115-65804-3

Ⅰ. B848.4-49

中国国家版本馆 CIP 数据核字第 2025R8S483 号

内 容 提 要

　　本书图文并茂，介绍了 100 件可以在周末进行的高能量生活小事，分为健康生活、情感连接、自我提升、体验生活和运动人生五个部分。在运动人生部分，本书介绍了多种运动方式，包括户外骑行、练瑜伽、打八段锦、爬山等，旨在帮助读者将运动与健康生活理念融入日常。同时，本书还包括周末高能量生活手账，鼓励读者随时记录运动与健康生活的点滴。随书附赠的小册子为读者提供了制订高能量周末计划和进行每日打卡、100 天挑战的区域，激励读者通过记录和打卡实现健康生活的目标。本书非常适合那些希望在繁忙生活中，通过简单的高能量生活小事来提升幸福感的读者。

◆　著 / 绘　张均怡
　　责任编辑　王若璇
　　责任印制　彭志环
◆　人民邮电出版社出版发行　　北京市丰台区成寿寺路 11 号
　　邮编　100164　电子邮件　315@ptpress.com.cn
　　网址　https://www.ptpress.com.cn
　　北京九州迅驰传媒文化有限公司印刷
◆　开本：880×1230　1/48
　　印张：2.5
　　字数：55 千字
　　　　　　　　　　　2025 年 1 月第 1 版
　　　　　　　　　　　2025 年 11 月北京第 7 次印刷

定价：29.90 元

读者服务热线：(010)81055296　印装质量热线：(010)81055316
反盗版热线：(010)81055315

亲爱的读者：

　　感谢你翻开这本小书。在这个快节奏的世界里，我们很多人都需要在喧嚣的生活中寻找内心的宁静，而周末无疑是我们放慢脚步、回归自我的最佳时刻。希望你翻起这本小书的时候，可以忘记忙碌工作中的烦恼，用一件件美好的小事治愈自己的心灵。

　　这本书包含了 100 件适合周末做的小事，涵盖健康生活、情感交流、自我提升、生活体验和运动健身五大领域。无论是独自完成还是与朋友一起，这些小事都能成为你日常能量的"充电站"。你可以从这些丰富多彩的小事中挑选出吸引你的那些去完成。每完成一件，不妨记录下它于你而言的能量恢复级别，让这些小事逐渐成为你日常生活的小确幸。在书中的手账部分，你可以记录每次活动后的感受。在随书附赠的手册中，你可以尝试将当天已经做过的小事的能量恢复级别进行累加，感受日常生活中平凡小事蕴藏的美好和带给你的能量。除此之外，手册还包括 12 个月的治愈小事打卡和 100 天目标挑战打卡部分，激励你在周末之余不断补充能量，收获活力满满的自己。

　　愿这本书成为你心灵的避风港，每当你翻开它，疲惫的心灵都能得到慰藉，获得重新出发的力量。让我们一起，在这本书的陪伴下，享受生活！

张小怡

LuckyJoy

目　录

好好生活 慢慢相遇

周末可以做的 100 件小事

早睡 ✓

早起 ✓

01

自从我开始早睡早起，一切都变成来得及了，我依旧是自己的宇宙。

能量恢复级别 ☆☆☆☆☆

听音乐

02

一起听音乐，听一阵风，听一场梦，听到最美好的自己。

站立工作

03

工作时，也要对自己好一些，不妨站立工作，让自己松弛前行，健康生长。

健康饮食

04

健康饮食是一种习惯，感受"好"的食物，拥有更好的自己。

能量恢复级别 ☆☆☆☆☆

喝咖啡

05

午后咖啡飘香，生活重复却也自由，只对清醒上瘾，只对热爱执着。

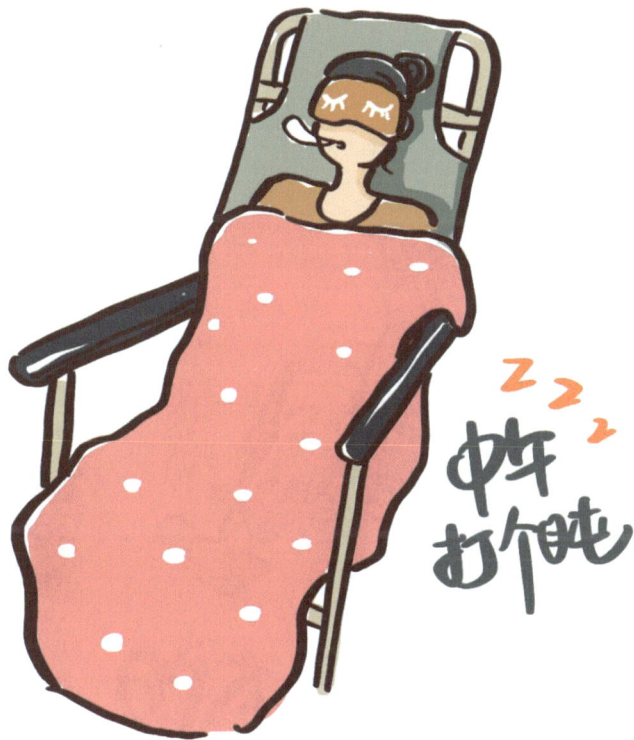

中午
打个盹

06

找一个躺椅，静静地享受独属于自己的 20 分钟白日梦时间。

能量恢复级别 ☆☆☆☆☆

晒太阳

07

在温暖的午后时光里，坐在躺椅上，享受阳光带来的美好。

伸展运动

08

拉伸时把身体想象成山川峡谷，感受运动带给内心的能量，在一呼一吸间找回自我。

健身器材锻炼

09

在小区里发呆时，我们用健身器材简单运动，只要能找到快乐，哪里都是游乐场。

饭后散步

10

饭后下楼自己散步，不必赶路也不必强求，"园日涉以成趣"，一边走，一边自由。

能量恢复级别 ☆☆☆☆☆

在家跳
健身操

111

跟着音乐一起跳操，摆脱情绪泥沼。运动，让你越来越接近自己。

泡温泉

12

在温泉氤氲的热气中，让数以万计的细胞、毛孔、血管被温暖，被治愈，然后自然爱上自己。

拔罐○

13

拔罐，以无形之力，纠有形之疾，爱自己从此刻开始。

按摩

14

按摩，放下对自己的苛求，放下对外界的期待，聆听自己身体的声音。

15

艾灸，以温和之火，燃草药之香，驱散内心的孤独。

泡澡

16

用温热的泡澡水安抚自己疲惫的身体，让心灵寻找到温暖的栖居，此刻尽得自在。

睡前泡脚

17

泡脚时，外面正雪落纷纷，时光里的零零碎碎，都化成好梦归来。

冥想

18

冥想时，观照内在的自己，在方寸之间，探索无尽宇宙。

能量恢复级别 ☆☆☆☆☆

19

心事放于枕边，好好睡一觉，入眠听雨，一切都自有安排。

多喝水

20

在这个世界，没有什么是一杯水解决不了的。如果有，那就再来几杯。

能量恢复级别 ☆☆☆☆☆

和姐妹们聚餐

21

忙碌的日子里，三五好友，偶有小聚，友情是最好的温暖剂。

露营

22

来露营吧，一顶帐篷下，和自然碰杯，和自由拥抱。

倾诉

23
和时常惦记的好友，互诉衷肠。时光浅浅，不觉岁月漫长。

能量恢复级别 ☆☆☆☆☆

参加派对~

24

奔赴一场浪漫派对，自由撒野，尽情快乐。

能量恢复级别 ☆☆☆☆☆

助人

25

不经意的善良举动，互相照亮彼此人生，帮助别人的点点微光，交织成灿烂的星河。

撸猫

26

猫是情绪的救星，是孤独的疗愈者，是生活的哲学家。

能量恢复级别 ☆☆☆☆☆

过生日

27

愿你热烈诚恳，与勇者长相随，常如愿，常少年，抵达心之所向的港湾。

28

新年的第一杯奶茶，一起享受甜蜜的温暖，为最温柔的你们，派送一个崭新的春天。

遛狗

29

傍晚时分，我和我的小狗尽情奔跑，共度美好时光，享受快乐生活。

玩水

30

夏日的海边微风轻拂，水花溅起的乐章，可以让人忘记许多的疲惫与烦恼。

能量恢复级别 ☆☆☆☆☆

看偶像演唱会

31

演唱会是巨大的乌托邦，短暂的相聚，见证最真实的美好，共享最热烈的心跳。

玩飞盘

32
飞盘握在手中，似乎可以抓住夏天的风，尽情享受运动带来的美好。

能量恢复级别 ☆☆☆☆☆

唱歌

33

人生是旷野，走调也不怕，大不了，切歌到下一首。

看烟花秀

34

烟花热烈绽放，每一个抬起头的人，都可以收获，不只一息的灿烂芳华。

和远方朋友打电话

35

好久不见，我的老友；人生聚散常欣喜，闲聊共尽兴。

拥抱

36

我们拥抱着，把情绪放置在彼此肩上，将生活烦恼全部忘掉。

能量恢复级别 ☆☆☆☆☆

窝在沙发里看书

37

如果可以，躲藏进生活的避难所。一个小屋，一本书，构成我当下的全部。

能量恢复级别 ☆☆☆☆☆

泡一天图书馆

38

在孤独的指引下，在图书馆等一等自由，让灵魂穿行于文字的间隙，把自己交还自己。

39

艺术品，是一个个容器，盛满了故知与宿命，乘物以游心。

40

当断，当舍，当离，丢掉旧物，清理无意义的执念，重新找回真实的自我。

练字

41

一笔一画，心似白云自在，练字间，让灵魂多一份从容。

给自己做
好吃的

42

戴起围裙，亲手烹饪，人间烟火的味道，就是治愈本身。

能量恢复级别 ☆☆☆☆☆

舌尖上的中国

看美食纪录片

43

人间百味，不过一箸之间，愿有美食相伴，灵魂从此不再漂泊。

给自己买花

44

给自己买花，让灵魂发芽，在每个平凡的日子里，让爱更具象地表达。

45

轻抚岁月的痕迹，与肌肤相拥，这世间唯有自己，不可辜负。

理发

46
剪刀在指尖跳跃，发丝飘落，这是在向过去的自己告别，也是在和未来拥抱。

写成功日记

47

路过人间，拾起一捧喜乐，细碎的瞬间，同样值得好好珍藏。

48

小憩即安，小逸即宁，光影交错之中，我与剧中人共舞。

03
自我提升

摄影

49

镜头所及，皆是心之所向，与光影对话，聆听世界的声音。

打扫卫生

50

拿起鸡毛掸子，扫去房间里的尘埃，窗明几净时，心也随之轻盈。

沉浸式学习

51

去努力，去征服，不止于前，不止于此。

化妆

52

和自己相爱的人，注定灵魂自由，每一次上妆，都是和自己温柔对话。

能量恢复级别 ☆☆☆☆☆

烘焙

53

烘焙时将爱寄托于食物，品尝舌尖上的美好，感受生活的小确幸。

做手工

54

跟随生活的指引，进行一场心与手的对话，拉坯填色，将所有的美好凝固。

能量恢复级别 ☆☆☆☆☆

美甲

55

星辰大海，烟火人间，将浪漫留存于指尖，与自己长久为伴。

听喜欢的播客

56

循着孤独的印记，戴上耳机，跟着播客去流浪，聆听和体会不一样的生活。

能量恢复级别 ☆☆☆☆☆

弹奏一曲

57
倾听内心深处的低语，撩拨琴弦，让外面的烦恼跟随跳动的音符消失不见。

画画

58

让灵魂在画布上驰骋，探寻自我的无限可能。

学编织

59

一针一线，一处安静的角落，是在编织温暖，也是在修补破碎的心灵。

打理
花花草草

60

寻一方天地，与花草相伴，去感受生命的流动，也允许一切发生。

看场好看的电影

61

在电影的世界里，我们尽情放松，跟随剧情体验不一样的人生。

看天空中的云

62

快乐其实很简单，蓝天白云，微风不燥，我和风一样美好。

拆快递

63

我在这里，拆开未知的期待，今日的快乐，已送达。

去海边

64

微咸的晚风，带着大海的问候，在海浪声中，听见内心对自由的渴望。

吃甜点

65

发酵让面粉学会呼吸，制作者赋予甜点灵魂，轻轻一口，"甜"满你的小思绪。

钓鱼

66

钓鱼时，渔在一边，心在此处，隐入尘世间的浪漫。

能量恢复级别 ☆☆☆☆☆

67

听风声，看日落，按下暂停键，为生活填充缝隙，让灵魂可以呼吸。

赏银杏

68
银杏树下，光影斑驳，漫步于金黄的海，与秋天的浪漫撞个满怀。

69
随着音乐的节拍，旋转，跳跃，与音乐融为一体，让身体和灵魂一起起舞。

泡茶

70

温杯烫盏，茶话清欢，不妨快意人间。

04
体验生活

71

随时开始生活的修行，翻土、播种、灌溉，种菜得菜，春华秋实。

赏樱

72

一期一会，樱花烂漫，一万次往返于春天，把自由交还自己。

能量恢复级别 ☆☆☆☆☆

过圣诞节

73

叮叮当，银铃轻响，飘雪、热咖啡、礼物，还有与你见面。

逛菜市场

74

菜市场是城市中最具烟火气的地方，在此打包生活，聚拢是烟火，摊开是人间。

欣赏旅途中美景

75

走走停停，与车窗外的世界短暂相逢，这一刻，你我都自由。

听
白噪音

76

戴上耳机，聆听自然的呼吸，这一刻，我与世界融为一体。

能量恢复级别 ☆☆☆☆☆

荡秋千

轻摇秋千，我好像在时间的裂缝里，拥抱到了童年的自己，简单又纯粹。

78

四月春风过鸢都，扶摇直上风绘梦。每一次风筝与天空的亲密接触，都能让我们感受到快乐与自由。

能量恢复级别 ☆☆☆☆☆

身尚在吊床上

79

寻一处林间，系上吊床，闭上眼睛，偷得浮生半日闲。

蹦床

80
每一次跳跃，都是对自由的向往，我与自由的距离，似乎触手可及。

能量恢复级别 ☆☆☆☆☆

手口味美食

81

如果你不快乐，不妨去品尝各地美食，体会舌尖上的旅行带来的乐趣。

能量恢复级别 ☆☆☆☆☆

静坐湖边

82
与湖光为邻，和自己对话，远离日常的纷扰，此刻我只属于自己。

听雨

83

我在里面，雨在外面，我们隔着玻璃窗，一起享受这场演奏会。

下楼跑一圈

84

如果跑步是艺术，那我可能是个抽象派画家，因为我的路线图，看起来像现代艺术。

能量恢复级别 ☆☆☆☆☆

户外骑行

85

在骑行的路上，收集风，收集阳光，收集每一次加速的心跳。

练瑜伽

86

练习瑜伽，在忙碌的岁月里，做一个能轻松完成各种体式的佳人。

打八段锦

87

打八段锦，随时随地与身体对话，让心静如细水长流。

能量恢复级别 ☆☆☆☆☆

爬山

88
山高水阔秋意阑，人生如登山，人生的目的，却不只是到达。

能量恢复级别 ☆☆☆☆☆

跳绳

89

夜空下跳绳，和地心引力对抗，运动是一场与自己的较量，今天又赢了几个回合。

滑雪

90

漫漫雪道，我与风雪共舞，每一次出发，都是对自我极限的超越。

打羽毛球

91

每一次挥拍，都是生命的一次跳跃，在有限的空间里，灵魂也能够自由飞翔。

游泳

92
置身于碧蓝色的泳池中，微波轻抚，身体与水面融为一体，感受游泳的美妙。

能量恢复级别 ☆☆☆☆☆

打拳

93

踏入自我疗愈的天地，将自己置身其中，拳拳生风，是自我力量在觉醒。

站桩

94

站桩，是身与心的对话，放平呼吸，动静皆自由。

能量恢复级别 ☆☆☆☆☆

打太极拳

95

在生活的喧嚣中，寻一片宁静，一招一式，世界尽在手中。

96

冰面上的世界，寂静而自由，在一次次滑行中，拼凑出完整的自我。

能量恢复级别 ☆☆☆☆☆

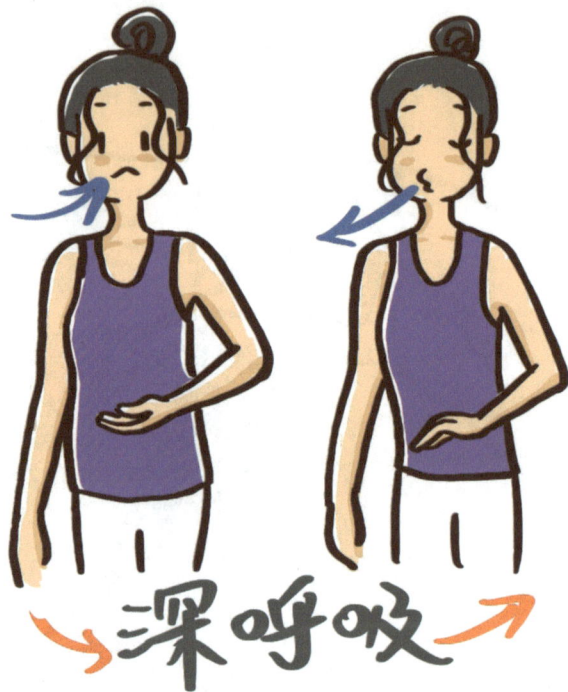

深呼吸

97

呼，向外输出，吸，向内滋长。一呼一吸间，烦恼逐渐消散。

倒立 :)

98
倒立的勇敢，是直面内心的恐惧，越松弛，就越有力量。

能量恢复级别 ☆☆☆☆☆

原地
超慢跑

99

每一次原地超慢跑，都是对自我存在的确认，静中寻动，感悟生命的无限可能。

攀岩

100

攀岩是首对抗地心引力的诗，循着缝隙寻找握点，每一步，都是对生命的沉思。

不舍昼夜 忠于自己

周末高能量生活手账本

关于作者

张均怡

现定居上海，自由插画师、设计师。白天上班，晚上画画。致力于通过画笔描绘普通人的喜怒哀乐，以漫画形式在自媒体"LuckyJoy"更新至今，希望通过画笔治愈自己也治愈他人。

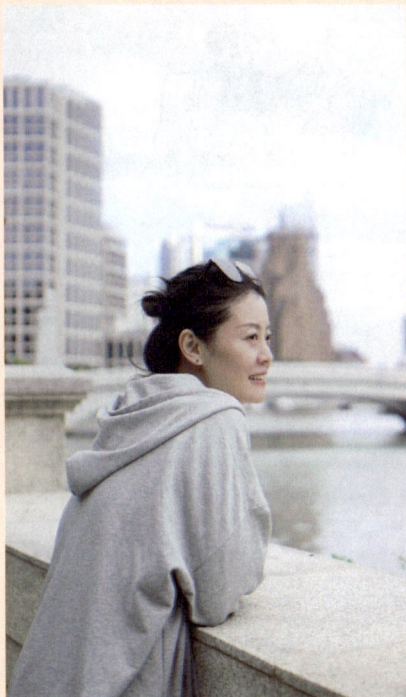